AF245323

RÉNOVATION

DE

L'AGRICULTURE FRANÇAISE

BETTERAVES A SUCRE

BLÉS, PRODUITS DE GRANDE CULTURE

VIGNES

PAR FAUVEREAUX

A PARIS, CHEZ M. FAUVEREAUX
109, RUE St-ANTOINE
CHEZ TOUS LES LIBRAIRES
et chez tous les correspondants en France de
MM. FAUVEREAUX & GIRAULD D'AVRAINVILLE

DÉDICACE

AUX AGRICULTEURS DE FRANCE

Nous vous dédions cet ouvrage, qui est le fruit de nos observations et de nos expériences.

Nous ne doutons pas, que vous vous pénétrerez des vérités qui y sont contenues, que vous suivrez les conseils de la raison, de la logique et du bon sens, et que vous rendant à l'évidence vous ramenerez la prospérité dans notre pays.

FAUVEREAUX

Paris, 1er Mai 1885.

INTRODUCTION

L'agriculture française est en décadence complète.

Toutes les industries qui en découlent, notamment la production et le commerce des céréales, des vins et des eaux-de-vie, la fabrication du sucre de betteraves, sont sur le point de disparaître en France, sous le poids de la concurrence que les produits similaires de l'étranger font par leur abondance et leur bon marché de revient.

C'est une vérité qu'il faut que chacun sache.

Nous la prouverons pour chaque production, au moyen de tableaux comparatifs, dont les chiffres seront puisés aux sources officielles.

Nous devons intituler notre travail « la Rénovation de l'agriculture française ».

Il paraîtra périodiquement, jusqu'à épuisement de la question, par livraison de 32 pages chacune, et sera ensuite réuni en volumes.

Chaque livraison sera divisée en TROIS PARTIES, traitant :

LA PREMIÈRE : *la betterave à sucre* ;

LA DEUXIÈME : *le blé et les produits de grande culture* ;

ET LA TROISIÈME : *la vigne*.

Nous disons qu'on doit rénover l'agriculture française, car ce n'est que par l'application et l'observance rigoureuse des moyens de culture pratiques, mis en usage par nos pères, qui en ont fait l'expérience, pendant plusieurs siècles, moyens mis d'accord avec les lois de la nature et les progrès que la science de l'agriculture a faits depuis 40 ans, qu'on peut remettre au premier rang, notre agriculture française et ramener à nouveau, la richesse et le bien-être dans notre pays.

Nous démontrerons par des chiffres et par des faits irréfutables, qu'on ne peut obtenir *le summum* de production, en conservant et améliorant les plantes, qu'en suivant les moyens de culture pratiques, sans s'écarter des lois de la nature.

Nous combattrons les procédés nouveaux que l'on cherche à préconiser, et nous démontrerons ce qu'ils ont de contraire à la loi naturelle de la végétation, à la logique des choses et au bon sens. Nous démontrerons l'inanité de ces procédés, que nous pouvons qualifier ici d'utopiques, et nous ferons la preuve de cette démonstration.

Nous n'ignorons pas que certains promoteurs de ces procédés utopiques, ont cherché et cherchent toujours à empêcher la vérité que nous proclamons, d'arriver à être comprise par tous, parce que ces promoteurs ont des intérêts particuliers et personnels à induire en erreur, à leur profit, la masse des producteurs français. C'est à ceux-ci à voir de quel côté est leur intérêt.

Nous indiquerons donc à tous les agriculteurs français, la méthode à suivre, pour conserver les meilleurs plants, les améliorer et leur faire produire la plus grande quantité possible.

Nous leur ajouterons, avant qu'ils se prononcent pour un système.

Qu'ils essaient notre méthode, et qu'ils comparent les résultats qu'ils en obtiendront; ils verront de quel côté est le salut.

En résumé, nous leur disons : ESSAYEZ, COMPAREZ ET JUGEZ.

PREMIÈRE PARTIE

LA BETTERAVE A SUCRE

SITUATION ACTUELLE
DE L'INDUSTRIE SUCRIÈRE
EN FRANCE

L'industrie sucrière française est dans un état critique, son existence est en péril.

Si tous, fabricants de sucre et cultivateurs, n'apportent leur concours énergique aux moyens immédiats à employer, c'en est fait de l'industrie sucrière en France ; sa ruine totale, sa disparition complète, ne sont qu'une affaire de temps ; c'est inévitable et ses jours sont comptés.

Elle est en péril, notamment parce qu'elle ne peut lutter contre la concurrence que lui font les industries sucrières *étrangères*, l'industrie sucrière française reste stationnaire au point de vue du rendement du sucre, et, ne pas avancer, c'est reculer, — tandis que les industries sucrières étrangères ont progressé, continuent et continueront à progresser, facilitées en cela, par un mode équitable et raisonnable de perception des impôts, un meilleur outillage, un nombre proportionnel moins grand de fabriques de sucre ; une main-d'œuvre moins élevée et une amélioration constante de la betterave, au point de vue de son rendement en sucre.

Voilà les causes de la crise et du péril.

Il faut lire tous les innombrables écrits et rapports sur la question sucrière, pour avoir une idée de la véritable situation.

Quand on a tout lu, on ne voit pas la cause de la crise, elle ne se trouve précisée nulle part, tant il y a de discordance et de confusion.

Et quant au remède, personne ne le fait connaître, ou bien les conseils que l'on trouve sont tellement contraires aux lois de la nature, que ceux qui les suivent auront bientôt à s'en repentir.

UNE DES CAUSES DE LA CRISE

—

Nous avons promis de dire la vérité ; nous allons en établir une que tout le monde pressent, devine, mais qu'on ne publie pas.

Un fabricant de sucre en France, pour faire 100 kilos de sucre, est obligé d'employer 2,000 kilos de betteraves, donnant 5 o/o de sucre (la récolte 1883-84 a donné une moyenne de 5.03 o/o, et la récolte 1884-85 a donné une moyenne inférieure), à 20 francs les mille kilos . . . . 40 f. »

Main-d'œuvre à 8 fr. les mille kilos . . . . 16 »

Soit un total brut de. . . . . 56 »

Le cours des sucres sur les marchés étrangers ayant été de . . . . 49 »

Il s'ensuit que le fabricant de sucre français obtient un produit qui lui coûte au-dessus de sa valeur, par cent kilos. . . . . 7 »

De sorte que plus le fabricant de sucre français produit, plus longtemps il travaille, plus il perd.

La ruine de l'industrie sucrière française, dans ces conditions, n'est donc qu'une affaire de temps, plus ou moins longue selon que les fabricants de sucre ont plus ou moins de capitaux à perdre.

La moyenne de la récolte, par hectare, ayant été de 34,500 kilos (campagne 1883-84), à 20 fr. les mille kilos, le cultivateur a donc reçu une somme totale de 690 fr. par hectare, inférieure de 110 fr., pour arriver au chiffre de 800 fr. par hectare, somme qu'il doit tirer pour ne pas être en perte.

Mettons en regard la situation du fabricant de sucre et du cultivateur allemands :

Pendant la campagne 1883-1884, les fabricants de sucre allemands ont obtenu 10.25 o/o de sucre, et pour faire 100 kilos de sucre, ils n'ont donc eu à manipuler que 1,000 kilos de betteraves, qu'ils paient, les 1,000 kilos . . . . 28 »

Mais comme au moyen du mode unique de perception de l'impôt, il leur est permis de tirer tout le sucre possible de la betterave, ils sont outillés en conséquence, et au lieu de 8 fr. de main-d'œuvre par 1,000 kilos, cela leur coûte . . . . 10 »

De telle sorte que le fabricant de sucre allemand a 100 kilos de sucre pour . . . . 38 »

Comme nous l'avons rappelé plus haut, le cours des sucres sur les marchés étrangers ayant été de . . . 49 »

Le fabricant de sucre allemand a donc gagné, par 100 kilos de sucre. . . . . 11 »

Tandis que les nôtres ont perdu, par 100 kilos . . . 7 »

Et pour le cultivateur allemand, la moyenne de la récolte ayant été de 35,000 kilos à l'hectare, qui lui ont été payés 28 fr. les 1,000 kilos, a reçu 980 fr. par hectare.

La différence est donc ici encore, pour le cultivateur allemand, bénéfice net, au-dessus de 800 fr. . . . . 180 »

Pour le cultivateur français, perte au-dessous de 800 fr. . . . . 110 »

COMPARAISON DES INDUSTRIES SUCRIÈRES
FRANÇAISE & ALLEMANDE

Nous allons mettre en regard, dans un tableau, les chiffres intéressant les industries sucrières française et allemande, on saisira mieux les différences.

Les chiffres sont puisés :

Dans les comptes rendus publiés par les ministères ;

Dans le rapport présenté à la commission des sucres, Chambre des députés, par M. Lebaudy;

Et dans le *Journal des fabricants de sucre*, année 1884.

TABLEAU COMPARATIF 1883-84

INDICATIONS	FRANCE	ALLEMAGNE
Hectares cultivés	200.000	225.000
Fabriques de sucre	481	880
Poids de betteraves à l'hectare	34.500 kil.	35.000 kil.
Sucre par 1000 kilos de betteraves	1.870 »	3.500
Rendement du sucre avant 1870	—	5 %
— en 1871-1872	—	8.28 %
— 1877-1878	—	9.24 %
— 1882-1883	5.03 %	9.55 %
— 1883-1884	5.01 %	10.25 %
Sacs de sucre par campagne	8.000 »	24.000 »
Prix des 1000 kilos de betteraves	20 fr.	28 fr.
Main-d'œuvre par 1000 kilos	8 »	10 »
Prix de revient du sucre par 100 kilos	56 »	38 »
Cours des sucres, marché de Londres	49 »	49 »
Quantité de sucre produite	374.000.000 »	925.000.000 »
— pour la consommation	353.000.000 »	275.000.000 »
— pour l'exportation	21.000.000 »	550.000.000 »

Le tableau qui précède, prouve que l'industrie sucrière allemande progresse depuis quinze ans, tandis que celle française périclite depuis la même époque.

Nous n'avons pas en ce moment, les chiffres exacts pour donner le rendement du sucre de la betterave française, depuis quarante ans; nous attendons qu'on nous les communique, nous les vérifierons et les publierons; nous sommes, à l'avance, convaincus que le rendement en sucre n'a pas augmenté sensiblement, depuis ces 40 ans.

L'avantage que l'industrie sucrière allemande a conquis sur celle française, vient surtout, et qu'on ne s'y méprenne pas, au mode de perception et au chiffre des impôts dans les deux pays.

L'IMPOT

En Allemagne, les fabricants de sucre paient 20 fr. de droits par 1.000 kilos de betteraves, reçus par eux et alors, ils sont libres de tirer de ces 1.000 kilos de betteraves, la plus grande quantité possible de sucre, c'est ce qu'ils font; ils sont outillés en conséquence, et lorsque la campagne est terminée, on établit la moyenne de sucre obtenu par 1.000 kilos de betteraves, afin de restituer aux exportateurs une somme proportionnelle à la sortie. Le fisc allemand, qui n'a ainsi que fort peu de frais de perception, a reçu, lors de l'entrée en fabrique des betteraves, la totalité des droits, qui représente une forte somme; il peut donc en disposer de suite, et ne doit en rendre qu'une partie, lors de la sortie, pour l'exportation.

En France, au contraire, l'impôt qui était de 40 fr. par 100 kilos de sucre livrés à la consommation, a été, sous prétexte de venir en aide à l'industrie sucrière, porté à 50 fr.; il s'ensuit que les fabricants de sucre français n'ont pas d'intérêt à faire des frais d'outillage, ni de main-d'œuvre, pour retirer tout le sucre de la betterave; ils sont ainsi obligés de viser à l'économie et d'aller au plus vite, parce que les frais de deuxième et de troisième manipulation seraient aussi élevés que les droits à payer sur le surplus du sucre qu'ils en tireraient.

Nous devons cependant reconnaître, que les fabricants de sucre ont le droit de choisir, entre les droits à payer comme nous venons de le rappeler et la faculté de s'abonner pour payer une somme de 23 fr. par 1.000 kilos de betteraves entrés en fabrique

Nous nous bornerons ici à signaler ces différences, dans le chiffre et dans le mode de perception des impôts;

Mais nous établirons, dans nos prochaines livraisons, que le fisc français tirerait un revenu au moins du double de celui moyen des cinq dernières années, en établissant des droits, même à moitié de ceux de l'Allemagne, soit 20 fr. par 1.000 kilos de betteraves entrés en fabrique, et un mode de perception unique. Dans ce cas là seulement, on pourrait reconnaître qu'il a été fait quelque chose en faveur de l'industrie sucrière française.

LE SUCRE

Toutes les analyses de sucre de betteraves dans tous les pays, donnent les mêmes chiffres.

Le sucre ne contient que du carbone, de l'hydrogène et de l'oxigène. Ces matières sont purement atmosphériques.

La betterave tout entière, racines et feuilles, est formée :

Partie de matières atmosphériques respirées par les feuilles et transportées dans la racine.

Et pour le surplus, de sels empruntés au sol, dans les proportions suivantes.

Sur cent parties, on trouve :

Matières atmosphériques		84 »
Sels empruntés au sol :		
Acide carbonique	2.25	
— sulfurique	1.30	
— phosphorique	1.40	
Chlore	».60	
Chaux	1.95	
Magnésie	1.60	
Potasse	3.25	
Soude	3.65	
Soit	16 »	16 »
Ensemble		100 »

Nous ferons encore observer que les 2,25 p. 0/0 d'acide carbonique que les analyses disent empruntés au sol, n'en proviennent pas tous ; le carbone étant une matière atmosphérique.

Cette analyse est à peu près la même que celles de M. Pellet, chimiste, et de M. Ladrey, professeur de sciences à la faculté de Dijon, dans son *Traité de viticulture*, analyse des sucres de cannes, de fruits, etc.

Tout démontre, que la matière atmosphérique compose la totalité du sucre.

Ceci établi, il faut donc faire en sorte que les betteraves puissent respirer la plus grande quantité possible de matières atmosphériques, puisque ce sont ces matières qui composent le sucre.

Tous les efforts des fabricants de sucre et des cultivateurs de betteraves, doivent tendre uniquement vers ce but.

SELS MINÉRAUX ENLEVÉS AU SOL
PAR LES RÉCOLTES

Il est indispensable que nous donnions ici la quantité de sels minéraux enlevés au sol par les récoltes, de sorte qu'un simple rapprochement des chiffres des sels enlevés, avec les récoltes obtenues et le quantum de sucre fourni par la betterave, suffira pour dissiper l'équivoque soulevée aujourd'hui.

Voici, d'après M. Bobierre, les quantités de sels minéraux dont les récoltes appauvrissent un hectare.

RÉCOLTES	PRODUCTIONS	SELS ENLEVÉS
Avoine, paille et grains	5.200 kil.	108 k.
Betteraves	40.000 kil.	199 k. 800
Foin	6.000 kil.	277 k.
Blé, paille et grains	5.600 kil.	222 k. 800
Haricots	2.100 kil.	55 k. 300
Pommes de terre, tubercules	15.000 kil.	123 k. 400
Sarrazin, paille et grains	4.400 kil.	139 k. 200
Trèfle	20.000 kil.	310 k. 200

Comme c'est de la betterave à sucre, que nous nous occupons ici, on voit qu'il suffirait de restituer au sol 200 kilos de sels minéraux dans un hectare qui aurait produit 40.000 kilos de betteraves ; et un hectare qui en produirait 100.000 kilos aurait besoin d'une restitution de 500 kilos de sels minéraux qui tous, se retrouvent dans la tige de la betterave, les feuilles et la pulpe, puisque le sucre extrait de la betterave ne contient aucun des sels minéraux du sol.

DEUX MÉTHODES CONTRAIRES

Les chiffres énoncés dans les chapitres qui précèdent, indiquent un fait incontestable, l'infériorité actuelle de l'industrie sucrière *française* sur celle *allemande*.

Le chapitre que nous venons de consacrer à la composition du sucre, précise les matières qui le forment et qui sont purement atmosphériques.

Il semblerait que ces faits, compris même du vulgaire, sont à la connaissance de ceux qui ont intérêt à la question sucrière et qui, cependant, ne manquent ni d'instruction, ni de connaissances techniques, ni d'expérience.

Malheureusement, il n'en est pas ainsi. La race des moutons de Panurge existe toujours !

MÉTHODE SERRÉE

On prétend que plus la betterave est petite, plus elle contiendrait de sucre; on cite des exemples, pris généralement en Allemagne, et quelques-uns en France, et tous, ou presque tous, s'emballent et se suivent à la queue leu leu.

Dans la dernière campagne, on a cultivé la betterave jusqu'à 6 et 7 au mètre carré; on préconise aujourd'hui 10 et 11 betteraves au mètre carré, de manière à récolter en moyenne 100,000 betteraves à l'hectare, d'un poids moyen de 400 grammes chacune, soit 40,000 kilos à l'hectare, et ce, avec ce raisonnement fallacieux, que plus les betteraves seraient petites, moins elles seraient lourdes et plus proportionnellement elles contiendraient de sucre.

Nous en sommes fâchés pour ceux qui tiennent ce raisonnement, et c'est, nous le répétons, malheureusement le plus grand nombre, mais nous sommes obligés, pour rendre hommage à la vérité, de dire ici que tous ceux qui préconisent cette méthode, de deux choses l'une, ou bien oublient complétement de tenir compte de la façon dont le sucre se forme dans la racine de la betterave, ou bien qu'ils l'ignorent absolument.

Ils insistent en prétendant que plus une betterave est

espacée, plus elle devient grosse, et, plus elle est grosse, plus elle contient d'eau et de pulpe et moins elle fournit de sucre.

Il est évident que ceux qui emploient des amendements, de fumiers de ferme notamment, et des engrais quelconques n'apportant au sol que fort peu de sels minéraux, ou n'aidant en aucune manière la dissolution de ces sels, qui composent le sol, ne peuvent obtenir qu'une végétation lente, qui dure depuis le moment où la plante germe jusqu'à celui de la récolte, d'autant plus que ces amendements ou engrais ne sont solubles qu'au bout de six mois ou un an ; que la plante, par conséquent, ne peut y trouver aucun élément d'assimilation, d'où il suit que l'époque de la récolte arrive, avant même que la plante soit parvenue à son maximum de développement.

La résultante est que la plante qui n'est pas arrivée à maturité, ou qui ne présente qu'une maturité factice à cause de la saison où la végétation s'arrête, n'a pas eu le temps de respirer suffisamment de matières atmosphériques, pour élaborer le sucre dans la dernière poussée.

Il y a donc une apparence de raison pour ces argumentateurs, lorsqu'ils viennent dire : plus une betterave est grosse, plus elle contient d'eau et de pulpe, et moins elle fournit de sucre.

Nous disons une apparence de raison, car si, au contraire, la betterave est espacée pour qu'elle puisse se développer le plus possible, si elle atteint promptement sa grosseur maximum et qu'il lui reste deux ou trois mois de bonne saison avant l'époque de la récolte, pour qu'elle respire, à l'aide de feuilles fortes et vigoureuses, la plus grande quantité possible de matières atmosphériques qui, seules, donnent le sucre, dans ce cas, plus la betterave est forte, vigoureuse, grosse, moins elle renferme d'eau et donne de pulpe, et plus elle contient de sucre.

Nous sommes donc dans le vrai, en disant que ces argumentateurs n'ont qu'une apparence de raison.

La méthode qu'ils préconisent, de faire 10 à 11 betteraves au mètre carré, de manière à récolter 100,000 betteraves à l'hectare pour obtenir 40,000 kilos de betteraves, dans l'espoir d'avoir un rendement de sucre plus élevé, causera bien des désillusions, car on n'aura que des mécomptes.

On s'appuie encore, pour préconiser cette méthode que nous qualifierons de funeste, sur le mode allemand, qui consiste à faire une culture de betteraves très serrée. On ne réfléchit même pas que, bien que la latitude soit la même, que les terrains soient à peu près similaires, le climat n'est pas le même ni la température non plus.

Ce qui peut être bon pour les Allemands n'est bon que pour eux; mais ne les imitons pas servilement, lorsque cette imitation ne peut que nous nuire.

NOTRE MÉTHODE

Il faut faire pénétrer la plus grande quantité possible de matières atmosphériques dans la racine de la betterave, car plus il en sera entré, plus les éléments pour la combinaison du sucre seront abondants, et plus le rendement du sucre sera élevé.

Pour arriver à ce résultat il faut:

1° Choisir de préférence des races de betteraves ayant une tendance à un très grand développement de feuilles;

2° Espacer les betteraves, en tous sens, au moins à 66 centimètres de distance, afin que les feuilles et la racine aient assez de place pour se développer, soit trois betteraves au mètre carré.

3° Placer une moyenne de 13 grammes de notre engrais saccharogénial, sous chaque betterave, soit au total environ 400 kil. par hectare.

On doit se servir d'un semoir spécial, faisant des rayons à 66 centimètres de distance, et laissant tomber d'un seul coup, à la même place, tous les 66 centimètres, 13 grammes d'engrais, qui se trouvent aussitôt recouverts d'un centimètre environ de terre, plus deux ou trois graines de betteraves au-dessus, et la terre roulée ensuite.

A la pousse, on ne laisse qu'une betterave tous les 66 centimètres et on repique aux endroits où il a pu en manquer.

On fait les binages ordinaires.

On peut semer jusqu'au 15 mai et repiquer jusque fin mai.

RAISON DE NOTRE MÉTHODE

La betterave se développe rapidement. Dès la fin juin, elle a acquis à peu près sa grosseur maximum, et elle a des feuilles fortes, grandes, vigoureuses, qui couvrent toute la surface du sol.

Elle peut ainsi résister aux plus grandes chaleurs et aux sécheresses qui en sont généralement la conséquence.

Ses feuilles offrant ainsi une grande surface, possèdent à leurs parties inférieures un plus grand nombre de stomates, pour respirer les matières atmosphériques, qui viennent se tamiser dans la racine avec les sels minéraux que celle-ci absorbe dans le sol.

La betterave reste forte, elle devient lourde, contient beaucoup de sucre, peu d'eau, peu de pulpe.

C'est la loi de la nature.

EXPÉRIENCES

On lit dans le *Journal des fabricants de sucre*, de Paris, du 26 mars 1884 :

« Nous appelons tout spécialement l'attention de nos lecteurs sur la communication suivante :

« Les expériences faites jusqu'ici, avec un engrais spécial composé par l'auteur de cette note, ont donné des résultats très brillants.

« Il est donc intéressant de faire, dès cette année, l'essai de cet engrais.

« Nous engageons vivement les intéressés à tenter l'expérience.

« Le but que nous nous sommes proposé d'atteindre est d'obtenir, notamment avec la betterave française à collet rose, *un développement maximum* TRÈS PROMPT, *un feuillage vigoureux et de nombreuses radicelles*, de façon à obtenir *une régularité et une netteté de formes parfaites* sous un FORT VOLUME, *avec un* MAXIMUM *de richesse saccharine.*

« Ces avantages ont été obtenus dans les expériences qui ont été faites jusqu'ici et qui ont donné les résultats suivants :

« Betteraves semées le 1ᵉʳ avril, sur six terrains différents

de dix ares chaque, dont moitié de chacun de ces terrains était
traité avec engrais spécial, 4 à 6 grammes sous graine, et
l'autre moitié par la culture ordinaire.

INDICATIONS.	CULTURE ORDINAIRE	ENGRAIS SPÉCIAL
20 mai, 50 jours, poids............	7 gr.	750 gr
— long. des feuilles.	21 cent.	45 cent.
Fin juin, 90 jours, poids...........	450 gr.	1300 gr.
— long. des feuilles...	30 cent.	70 cent.
15 septembre, récolte, poids......	1 kil.	1400 gr.
Sucre extrait..............	12 o/o	18 o/o
Densité...........	7 o/o	12 o/o

« A partir de fin juin, la betterave à sucre traitée avec engrais
spécial a mûri, elle a pris la forme ovale qui est la plus parfaite, et le 15 septembre les radicelles avaient disparu, la betterave était lisse, unie, ne présentait plus qu'un pivot et la richesse saccharine était abondante.

« L'explication de ce résultat est facile à comprendre.

« La betterave semée sur engrais spécial avait atteint son
développement maximum dès la fin juin ; dès lors, sa racine
était forte et avait de nombreuses radicelles pour aspirer l'hu-
midité du sol et la partie de sels minéraux nécessaires dans la
combinaison du sucre ; son feuillage étant des plus vigoureux
et très étendu, lui a permis de respirer les matières atmosphériques qui entrent dans la composition du sucre, et ce, pendant
deux mois et demi, les plus chauds, et par conséquent les plus
favorables, juillet, août et première quinzaine de septembre.
C'est ce qui explique la forme ovale et parfaite, que la racine
a dû prendre par l'introduction des matières sucrées ; tandis
que la betterave poussée sans engrais spécial restait en arrière
sur tous les points.

« Les raisons déterminantes de cette production par un engrais spécial sont : que cet engrais composé exclusivement de
matières puissamment riches et fertilisantes, ne contiendrait
que des éléments favorables à la végétation, à la formation
des matières sucrées, à la pureté du jus, à la cristallisation, et

que celui qui l'a composé aurait eu soin d'éliminer de cet engrais tout ce qui peut nuire à la betterave à sucre, notamment les azotates d'ammoniaque qui sont un obstacle à la saccharogénie et à la cristallisation.

« Les betteraves semées sur cet engrais spécial, offriraient en outre cet avantage important, c'est que leur maturité arriverait encore quinze à vingt jours avant les autres;

« Voici les prix de revient et plus-values.

« Pour 45,000 betteraves à l'hectare, 8 grammes d'engrais spécial par betterave, soit 400 kilos à 25 fr. les 100 kil.   100 »

« Huit fûts 12 francs, port environ 8 francs   20 »

« La dépense est par hectare, de   120 »

« Le produit étant d'au moins 25,000 kilos de plus à l'hectare, 75,000 au lieu de 50,000 kilos, à 22 francs les 1,000 kilos soit en plus   550 »

« Plus-value par hectare pour le cultivateur   430 »

« Et pour le fabricant de sucre, 6 o/o de sucre en plus sur 75,000 kilos, soit 4,500 kilos de sucre en plus par hectare, sans que cela leur coûte un centime. »

ATTESTATION DES EXPÉRIENCES

Depuis la publication de ces expériences, nous en avons reçu une nouvelle attestation, par la lettre suivante, d'un propriétaire habitant Bordeaux aujourd'hui et qui a fait aussi des expériences sur des propriétés dans la Dordogne.

Bordeaux, 12 avril 1884.

« Monsieur Fauvereaux, à Paris.

« Je ne puis que vous redire ce que je vous ai souvent dit : *« Avec votre engrais pour les betteraves et les blés, vous avez une fortune. »*

« J'ai obtenu sur des betteraves avec votre engrais, de fort beaux résultats. Les feuilles avaient une longueur de 50 à 60 centimètres, le développement des racines était considérable.

« Les semis avaient eu lieu en avril. Dans la première quinzaine de septembre, nous avons constaté des racines du poids de 5 kilos, la moyenne était de 3 kil. 500 gr.

« La quantité de sucre était forte en proportion, nous l'avons évaluée, mon frère et moi, à 18 o/o et à une bonne moyenne de 12 o/o raffiné.

« La chair était dure, ferme, compacte, et la forme était parfaite, point de rugosité, peau lisse et unie.

« Je ne vous dirai rien ici des blés, les épis que je vous avais adressés dans le temps, attestent l'efficacité de votre engrais.

« J'estime que l'emploi de vos produits doit porter au DOUBLE le rendement ordinaire.

« Recevez, etc., signé : E.-B. DE BOISBERTRAND. »

Nous ferons remarquer que la note insérée dans le *Journal des fabricants de sucre* du 26 mars 1884, indique un poids moyen de 1,400 grammes par betterave, tandis que M. de Boisbertrand a obtenu une moyenne de 3 kil. 500 gr. par betterave, ce qui donnerait pour 30,000 betteraves à l'hectare, un poids total de 105,000 kilos.

Et que le rendement actuel n'est pas de 50,000 kilos à l'hectare, mais seulement de 34,500 kilos.

RÉSULTATS COMPARÉS

Nous allons établir dans un tableau, les résultats qu'on obtient actuellement, et ceux que procureront notre méthode.

INDICATIONS.	PRODUITS PAR	
	LA CULTURE ACTUELLE	NOTRE MÉTHODE
Hectares cultivés................................	200.000 h.	200.000 h.
Poids de betteraves à l'hectare................	34.500 k.	105.000 k.
Récolte totale..................................	6.900.000 t.	21.000.000 t.
Sucre obtenu...................................	5.63 o/o	12 o/o
Quantité de sucre par hectare.................	1.870 k.	12.600 k.
— totale de sucre.............................	374.000.900 k.	2.520.000.000 k.
— de sucre pour la consommation.............	353.000.000 k.	353.000.000 k.
Excédent pour l'exportation...................	21.000.000 fr.	2.167.000.000 k.
Cours des sucres à l'exportation..............	49 fr.	49 fr.
Produit de l'exportation......................	10.890.000 fr.	1.061.830.000 fr.
Impôt à 50 fr. par 100 kil. de sucre..........	145.000.000 fr.	
Impôt à 10 fr. par 1000 kil. de betteraves....		210.000.000 fr.

Ainsi comme résultats, notre méthode procure :

A l'état pour le budget, tout en diminuant les impôts, une recette de 210 millions, au lieu de 145, soit 75 millions de plus.

Et à l'industrie sucrière française, son relèvement immédiat, ainsi que celui de tous les cultivateurs de betterave à sucre, une rentrée de capitaux en France de plus de un milliard tous les ans, tout en livrant à l'étranger aux mêmes prix que les fabricants de sucre allemands.

Dans ces conditions, qui pourrait soutenir la concurrence contre l'industrie sucrière française ?

DIFFÉRENCE DES DEUX MÉTHODES

MÉTHODE SERRÉE

Nous appellerons la méthode qui consiste à rapprocher les betteraves le plus possible, de manière à obtenir 10 betteraves au mètre carré d'un poids moyen de 400 grammes, la méthode serrée.

Nous la combattons et nous y sommes opposés de toutes nos forces, parce qu'elle est la négation la plus complète de la science, des lois de la nature, qu'elle est en opposition formelle avec la combinaison des éléments de l'air et du sol. Méthode funeste, qui ne peut qu'accélérer la ruine de nos industries sucrières françaises et de notre agriculture.

MÉTHODE ESPACÉE

Nous appellerons le système que nous recommandons, la méthode espacée.

Elle consiste et se résume :

1° A éloigner les plantes les unes des autres, afin qu'elles puissent trouver dans l'espace, la quantité de matières atmosphériques qui sont nécessaires à leur vie et à la concentration des éléments qui se combinent en sucre.

2° A mettre au pied de ces plantes, notre engrais saccharogénial, qui renferme des principes très activants, immédiatement soluble, que la plante s'assimile aussitôt levée.

Nous démontrerons dans nos prochaines livraisons, par le simple exposé de la combinaison des éléments de l'air et du sol, que notre méthode espacée est rationnelle, qu'elle est la seule vraie, la seule juste, la seule logique, et la seule qui puisse fournir les résultats que nos industriels attendent pour se relever.

On sera tout surpris de voir que nos démonstrations sont d'accord avec les découvertes et observations de savants tels que Pascal, Dumas, Lavoisier, Gay-Lussac, Boussingault, Pasteur, Paul Bert, etc., dont les noms seuls font autorité.

DEUXIÈME PARTIE

BLÉS & AUTRES PRODUITS
DE GRANDE CULTURE

Les tableaux statistiques publiés par le ministère de l'agriculture, indiquent une moyenne de production de blé, pour la dernière récolte, de 16 hectolitres à l'hectare.

Les productions du blé à l'étranger sont supérieures ; en Belgique, la moyenne a été de 24 hectolitres.

La culture en ligne espacée à 16 centimètres, a donné un rendement jusqu'à 58 hectolitres à l'hectare.

Pour le blé, comme pour toutes les autres plantes, l'air et l'espace sont nécessaires, pour leur donner de la vigueur et de la force.

Il faut aussi y ajouter l'engrais indispensable, pour activer la végétation.

Voici quelques expériences faites :

Sur les blés faibles, que le propriétaire voulait faire enfouir, il a semé à la volée en avril et mai, de notre engrais régénérateur, dans la proportion de 300 kilos à l'hectare, il a obtenu les différences suivantes :

INDICATIONS		CULTURE ORDINAIRE	AVEC ENGRAIS RÉGÉNÉRATEUR
BLÉ DE PAYS	Grain..........	18 hect.	42 hect.
	Paille..........	3.000 kil.	9.000 kil.
BLÉ DUR D'ÉCOSSE	Grain..........	14 hect.	40 hect.
	Paille..........	2.000 kil.	8.000 kil.

Des applications de 300 kilos d'engrais régénérateur, ont été faites sur toutes sortes de produits, et ont donné un rendement de plus du double partout, notamment sur :

Prairies naturelles ;

Prairies artificielles ;

Colzas, sarrazins, navettes ;

Dravières, vesces, jarrots, bizailles ;

Févelottes, et sur toutes plantes fourragères.

Des résultats semblables sont obtenus par le même engrais, sur toutes les plantes maraîchères et de jardinage.

Les fraisiers surtout produisent abondamment et sont débarrassés de la lisette et du ver blanc.

L'application de l'engrais régénérateur se fait en toute saison et sur toutes les plantes, tant qu'elles sont en végétation.

Dans nos prochaines livraisons, nous développerons complètement les questions intéressant les CÉRÉALES ET AUTRES PRODUITS DE GRANDE CULTURE ; et à l'appui, nous donnerons les différences de rendement, dont les chiffres seront puisés aux tableaux de statistique publiés par les Ministères de l'Agriculture et du Commerce.

Nous établirons en outre, par des chiffres officiels, les quantités de sels minéraux : 1° Renfermés dans le sol ; 2° Apportés par les eaux pluviales ; 3° Développés par nos engrais ; 4° Absorbés par chaque plante. — Ce qui démontrera les avantages de notre méthode et de nos produits.

TROISIÈME PARTIE

LA VIGNE

—

LA SITUATION

—

Il y a 40 ans, en France, le nombre d'hectares cultivés en vignes ne dépassait pas 1.800.000, et le rendement moyen était d'environ 80 millions d'hectolitres ; aujourd'hui, bien qu'il y ait plus de 2 millions et demi d'hectares plantés en vignes, le rendement moyen ne dépasse guère 30 millions d'hectolitres.

Beaucoup de nos grands crus ont disparu.

Ces disparitions et cet amoindrissement de la production, sont dus notamment à la maladie phylloxérique.

Mais qu'elle est la cause du phylloxera, de l'oïdum, de l'antrachnose, du pourridié, de l'étiolement, du mildew, et de tant d'autres maladies, qui sont venues faire périr nos vignes depuis trente ans ?

Car il y a une cause à ces maladies, il n'y a pas d'effet sans cause, elle existe, quelle est-elle ?

On ne s'est jamais prononcé à ce sujet, d'une façon même vraisemblable. Toutes les opinions émises, sont démenties par les faits, car si on avait connu la cause, on l'aurait fait disparaître ; et avec elle, les maladies.

LES RÉCOMPENSES PROMISES

—

Les Chambres françaises ont voté une somme de 300.000 fr. à décerner à titre de récompense à l'auteur, l'inventeur ou l'applicateur du remède le plus simple, le plus facile, le plus pratique et le moins coûteux, pour la guérison de la maladie phylloxérique.

Depuis lors, c'est par milliers que des inventeurs ont présenté à la commission supérieure ou au ministère de l'agriculture des procédés tous plus utopiques les uns que les autres.

Dès 1880, le nombre de ces procédés dépassait 64.000. Ce chiffre dépasse bien certainement cent mille aujourd'hui.

Nous aussi, nous avons offert de faire connaître le remède, et ce dès avril 1880, pour la guérison des maladies phylloxériques et en prévenir le retour ; mais nous avons déclaré nous refuser formellement à faire faire auparavant les expériences, ni par la commission supérieure, suivant les prescriptions de la loi, ni par aucune des commissions instituées dans les déparments ; nous entendions *faire constater tout d'abord*, purement et simplement *l'état maladif des vignes* ; puis faire employer notre méthode, et faire constater *ensuite la guérison complète* de ces mêmes vignes.

Il nous fut répondu de faire comme nous le demandions, puis de produire des attestations en nombre suffisant au ministère de l'agriculture, qui ferait vérifier les faits par les commissions spéciales, et que si notre méthode remplissait les obligations imposées dans la loi votée, la récompense nous serait décernée.

Nous prenons acte de cette déclaration, et puisque nous sommes admis au concours pour la prime, nous allons faire connaître notre méthode.

CAUSE DES MALADIES DES VIGNES.

La maladie est une *épidémie contagieuse*, c'est incontestable.

Aucune épidémie ne fait périr tous les sujets ; elle passe, elle frappe, puis, lorsqu'elle ne trouve plus d'aliments en quantité suffisante pour son œuvre dévastatrice, elle disparaît.

L'épidémie, par elle-même, aurait fait disparaître la cause qui l'avait amenée, si on ne l'avait pas combattue.

Si, au début, on avait laissé sévir la maladie, si on avait laissé les vignes à l'état inculte, sans soins, sans s'en occuper, sans remède d'aucune sorte, sans faire de nouvelles plantations alentour, qui n'ont d'autre résultat que d'entretenir le doyer de la contagion, il serait advenu ce qui est arrivé à toutes les vignes laissées sans culture.

Les huit ou neuf dixièmes des ceps ont péri ; ceux qui sont restés après le départ de l'épidémie, sont redevenus très vigoureux, produisent beaucoup plus et sont hors d'atteinte de toute maladie, car *la véritable*, la seule *cause*, c'est et c'était : LE TROP GRAND NOMBRE DE PLANTS SUR LE MÊME ESPACE.

Le tableau que nous donnons plus loin, sur les quantités de sels minéraux contenus dans le vin, feront comprendre qu'à la vigne, il faut beaucoup d'espace et surtout beaucoup d'air, les matières atmosphériques étant presque exclusivement les éléments qui composent ce qu'elle produit.

LES SELS MINÉRAUX DANS LES VINS

Pour démontrer que ce sont les matières atmosphériques, l'air, en un mot, qui est le principal élément de vie pour la vigne, nous allons reproduire dans un tableau, page 25, l'analyse des sels minéraux par 500 grammes de douze sortes de vins de la Gironde, des années 1840 et 1841, par conséquent avant l'invasion des maladies des vignes, d'après Franck, dans son *Traité des vins du Médoc*.

Ainsi, sur 500 grammes de vin, il y a 499 grammes de matières atmosphériques et à peine un gramme de sels minéraux.

Cinq des terrains que nous venons de citer, produisent les plus grands crus de France, et on remarquera que ce sont précisément les vins de ces localités qui contiennent le moins de sels minéraux.

On va peut-être finir par comprendre que, puisque ce sont les matières atmosphériques qui entrent pour la plus grande partie dans la composition du vin, il faut de toute nécessité que la vigne soit aérée, qu'il lui faut de l'espace, de l'air, beaucoup d'air et toujours de l'air.

SELS MIRÉRAUX DANS LES VINS, PAR 500 GRAMMES

INDICATION DES CRUS	Bi-Tartrate de POTASSE	TARTRATE DE			CHLORURE DE		SULFATE de POTASSE	PHOSPHATE D'ALUMINE	TOTAL
		CHAUX	ALUMINE	FER	SODIUM	POTASSIUM			
Blaye...............	0.5729	0.0747	0.1676	0.0970	»	0.0388	0.0986	0.0083	1.0579
Bourg...............	0.5244	0.0476	0.2124	0.0945	0.0289	»	0.0576	0.0123	0.9677
Libourne............	0.6234	0.0823	0.1932	0.1022	0.0237	»	0.0825	0.0116	1.1189
Saint-Émilion.......	0.5256	0.0419	0.1456	0.0865	0.0228	»	0.0910	0.0155	0.9289
La Réole............	0.7218	0.0925	0.1668	0.1120	0.0266	»	0.0746	0.0190	1.2133
Bazas...............	0.9478	0.1026	0.3242	0.1125	0.0482	»	0.1145	0.0216	1.6714
Cadillac............	0.5382	0.0838	0.2163	0.0916	0.0306	»	0.0860	0.0042	1.0507
Pessac..............	0.5236	0.0720	0.1445	0.0917	0.0312	»	0.0675	0.0115	0.9420
Margaux.............	0.5122	0.0878	0.1870	0.0974	0.0345	»	0.0592	0.0068	0.9849
Lesparre............	0.5224	0.0652	0.1745	0.0910	0.0360	»	0.0964	0.0072	0.9927
Pauillac............	0.5622	0.0642	0.1638	0.0815	0.0496	»	0.0865	0.0062	1.0140
Saint-Estèphe.......	0.4738	0.0514	0.1752	0.0790	0.0395	»	0.0935	0.0085	0.9209

QUELQUES FAITS

Tous les journaux de France ont cité ce fait, il y a deux ans : Un cep seul, isolé, a produit 2,400 grappes, pesant 800 kilos ; il y en a un semblable à Thomery, près Fontaine-bleau.

Des vignerons des environs de Montpellier, après avoir perdu, en grande partie ce qu'ils possédaient, par des essais coûteux et toujours infructueux, ont fini par replanter des plants français, mais seulement 1,000 pieds à l'hectare. Leurs ceps produisent beaucoup et sont exempts de maladies.

Une Société s'est formée ; elle a acquis en Corse des terrains qu'elle a fait défricher, puis, elle n'a pu faire planter que 500 pieds à l'hectare. Les ceps produisent également beaucoup et sont exempts aussi de toute maladie.

Il est fort heureux que ces vignerons et cette Société n'aient pu faire planter que 500 et 1,000 pieds à l'hectare, car s'ils avaient planté 7 à 8,000 pieds à l'hectare, leurs vignes seraient déjà malades.

Dans le Gard et dans l'Hérault, il n'y avait, il y a environ 30 ans, que 2,500 pieds à l'hectare, et la moyenne de la récolte était de 150 hectolitres à l'hectare ; quelques années ont même atteint 210 hectolitres.

Depuis lors, croyant récolter davantage, on a planté 7 et 8,000 pieds à l'hectare ; on n'a jamais pu obtenir 30 hectolitres à l'hectare, et les maladies des vignes sont venues.

NOTRE MÉTHODE

Elle consiste.

1° A supprimer la cause des maladies des vignes ;

2° Ensuite à guérir les vignes atteintes ;

3° Puis à prévenir le retour de ces maladies.

SUPPRESSION DE LA CAUSE

Puisqu'il y a un trop grand nombre de pieds de vigne sur le même espace, puisqu'ils sont trop rapprochés, il faut les espacer.

La vigne ayant des racines traçantes d'une longueur moyenne de 1^m50, pour que ces racines ne se croisent pas et éviter qu'elles aspirent les sels minéraux qu'elles ont mutuellement besoin, il faut donc que les pieds de vigne soient espacés de trois mètres au moins les uns des autres, en tous sens.

On doit donc arracher tous ceux qui se trouvent plus près et dans les intervalles, et ne laisser qu'un cep tous les 3 mètres.

Les pieds et racines arrachés doivent être brûlés sur place, ne pas être transportés, et la cendre mise au pied des ceps laissés.

On doit cultiver de préférence la vigne en chaintre. A la suite de chaque cep en ligne, on fiche deux piquets à un mètre de distance, d'une hauteur de 1^m20. La première branche à fruits peut être tenue à 50 centimètres du sol ; la deuxième à 85 centimètres, et la troisième à 1^m20. La taille est celle des espaliers.

GUÉRISON DES VIGNES ATTEINTES

La sève de la vigne saine doit être claire, limpide, avoir une bonne odeur et se conserver.

Or, la sève qu'on recueille à présent sur toutes les vignes est louche, jaune, visqueuse, trouble ; au bout de 24 heures elle est en putréfaction et ne peut se conserver.

On peut ainsi constater que la vigne est malade et souffre, puis, suivant le plus ou moins de grosseur du cep, mettre plus ou moins de notre engrais antiphylloxérique, de 500 à 1.200 grammes.

On déchausse le pied du cep, on retire la terre, on place l'engrais alentour du cep, on le tasse, puis on le recouvre avec la terre.

La sève qu'on recueillera ensuite sera redevenue claire, limpide, et se conservera.

C'est la preuve que la vigne sera guérie, et que l'engrais est antiseptique.

PRÉVENIR LE RETOUR DES MALADIES

Pour les plantations nouvelles, en plaçant les ceps à 2 mètres de distance en tous sens, et en y ajoutant de 200 à 300 grammes d'engrais antiphylloxérique, ces plantations sont préservées.

Aux vignes fortes, comme nous l'avons dit dans le chapitre précédent, suivant le plus ou le moins de grosseur, on place de 500 à 1.200 grammes d'engrais antiphylloxérique.

Comme préservatif, on doit renouveler le dosage au moins tous les quatre ans, tant que la maladie n'aura pas complètement disparu de notre sol.

On peut prendre quelques racines couvertes de phylloxeras, les tremper dans l'engrais antiphylloxérique additionné d'eau, et en 3 secondes, avec l'aide d'un microscope, on verra l'insecte gonfler et éclater. Cinq minutes après, il sera entièrement décomposé, ainsi que les œufs ou larves.

C'est la preuve que l'engrais préserve la vigne et qu'il est antiphylloxérique.

ÉPOQUES D'APPLICATION

L'arrachage de la vigne en trop et l'emploi de l'engrais peuvent et doivent être faits en toute saison, néanmoins de préférence de novembre à mars.

Les plantations se font de février à mai.

RÉSUMÉ

Les 2 millions d'hectares de vigne, existant encore aujourd'hui en France, ne produisent qu'une récolte moyenne de 30 millions d'hectolitres, coûtant cher de main-d'œuvre, payée aux vignerons, pour des plants par trop nombreux; c'est justement cette trop grande quantité de plants qui est *la cause des maladies des vignes*.

En conservant cette même surface de 2 millions d'hectares plantés en vignes (surface qu'on pourrait étendre à trois millions & au-delà) mais en arrachant au moins les trois quarts des plants, selon nos prescriptions, *on supprimera la cause du mal.*

Cet arrachage & les plantations, à intervalles bien espacés, ont l'avantage : de *réduire de près des trois quarts, les frais de plantation,* ainsi que les *frais de main d'œuvre annuels du vigneron.*

Enfin, grace à l'emploi de notre engrais antiphyloxérique, 1° Les vignes seront guéries des maladies existantes & préservées pour l'avenir ; 2° Leur production pourra se relever dans la plupart des centres vinicoles, à 150 hectolitres à l'hectare, ce qui porterait le rendement total, en France, pour deux millions d'hectares (même à raison de 100 hectolitres à l'hectare) à 200 millions d'hectolitres par an, au lieu de 30 millions.

Il n'y a qu'à vouloir.

FIN

FAUVEREAUX & GIRAULD D'AVRAINVILLE

RUE SAINT-ANTOINE, 109, A PARIS.

ENGRAIS COMPOSÉS

Marque de Fabrique déposée au Tribunal de Commerce de la Seine.

Récompense à l'Exposition insectologique de Paris, en 1880
Médaille d'honneur, Italie 1882.
Procédé sous pli cacheté à l'Académie des Sciences, à Paris
Communication et Réception
aux Ministères du Commerce et de l'Agriculture.

USINE DE ROMAINVILLE, RUE DE PARIS, 206, A PANTIN.

SACCHAROGÉNIAL POUR BETTERAVES A SUCRE
RÉGÉNÉRATEUR POUR TOUTES CULTURES

PRIX : 25 fr. les 100 kilos.

ANTIPHYLLOXÉRIQUE POUR LA GUÉRISON DES VIGNES

PRIX : 30 fr. les 100 kilos.

Le tout logé en Fûts de 100 kilos, fûts en sus 1 fr. 50
Port à la charge des acheteurs

PAIEMENTS SUIVANT L'USAGE : à 30 jours, escompte 2 %; 60 j., 1 %
90 jours sans escompte ; à 4, 5 et 6 mois, 1, 2 et 3 % en sus.

ADRESSER LES DEMANDES :

EN PROVINCE : dans chaque chef-lieu de canton, aux représentants
de MM. FAUVEREAUX & GIRAULD D'AVRAINVILLE

A PARIS, par lettre : à M. FAUVEREAUX, 109, rue St-Antoine

A PANTIN (par télégramme) : FAUVEREAUX, PANTIN,
Antiphylloxérique pour la guérison des vignes

Imprimerie du Fort-Carré, 19, Chaussée-d'Antin, Paris.